Ilona Butterer / Claudia Fischer

Kreatives Stempeln für die Weihnachtszeit

W0359441

frechverlag

Weihnachtsleckereien

- Stempel:
  F 1559 (PSX), „Sugar Plum Dreams“
  73798 (BS)
- Stempelkissen: *Transparent*
- Embossingpulver:
  Perlmuttrot; Rot; Weiß
- Passepartoutkarte: *Weiß, DIN A6*
- Tonpapier: *Rot*
- Sonstiges:
  Konturenschere; Klebekissen; Kordel

1. Die Süßigkeiten auf die Vorderseite der Karte stempeln und perlmuttrot pulvern. Das Gegenblatt der Karte bestempeln und rot pulvern.
2. Mit der Konturenschere ein Stück Tonpapier rechteckig zuschneiden, mit der Schrift bestempeln und weiß pulvern.
3. Das Gegenblatt in die Karte kleben und den Deckel der Karte mit der Konturenschere nachschneiden.
4. In die Karte ein zusätzliches Gegenblatt aus rotem Tonpapier einkleben. Die Schrift mit Klebekissen montieren.
5. Nach dem Schreiben der Karte diese mit der Kordel zubinden.

Die Anleitung für die Spandose finden Sie auf Seite 12.

Die verwendeten Stempeldesigns sind von den Firmen Personal Stamp Exchange (USA), Bei Stempel's (D), Uhlig (D), Magenta (Canada; vertreten durch Hobbytime, D), Rubber Stampede (USA; vertreten durch Hobbytime, D), © 1997 - alle Rechte vorbehalten. Wir danken diesen Firmen für die freundliche Genehmigung zur Nutzung ihrer Stempel. Sie sind ausschließlich für den privaten, nicht kommerziellen Gebrauch bestimmt.

Die bei den Stempeln angegebenen Abkürzungen stehen für die einzelnen Hersteller, wie folgt:
Personal Stamp Exchange (PSX)
Bei Stempel's (BS)
Uhlig (U)
Magenta (M)
Rubber Stampede (RS)

Fotos: frechverlag GmbH + Co. Druck KG, 70499 Stuttgart; Fotostudio Ullrich & Co., Renningen

Materialangaben und Arbeitshinweise in diesem Buch wurden von den Autorinnen und den Mitarbeitern des Verlags sorgfältig geprüft. Eine Garantie wird jedoch nicht übernommen. Autorinnen und Verlag können für eventuell auftretende Fehler oder Schäden nicht haftbar gemacht werden. Das Werk und die darin gezeigten Modelle sind urheberrechtlich geschützt. Die Vervielfältigung und Verbreitung ist, außer für private, nicht kommerzielle Zwecke, untersagt und wird zivil- und strafrechtlich verfolgt. Dies gilt insbesondere für eine Verbreitung des Werkes durch Film, Funk und Fernsehen, Fotokopien oder Videoaufzeichnungen sowie für eine gewerbliche Nutzung der gezeigten Modelle.

Auflage: 5. 4. 3. 2. 1. | Letzte Zahlen
Jahr: 2001 2000 1999 98 97 | maßgebend

© 1997

frechverlag GmbH + Co. Druck KG, 70499 Stuttgart

ISBN 3-7724-2253-5 · Best.-Nr. 2253

Druck: frechverlag GmbH + Co. Druck KG, 70499 Stuttgart

Die Vorweihnachtszeit ist für viele eine besonders geschäftige Zeit. Adventskalender wollen gebastelt und gefüllt, Weihnachtsgrüße geschrieben und verschickt, Geschenke besorgt und ansprechend verpackt werden.

Bei den vielfältigen Festvorbereitungen eröffnen Motivstempel interessante und neue Möglichkeiten. Wenn Sie größere Mengen benötigen, sind Stempel geradezu ideal. Die schönen Karten, Geschenkanhänger und Objekte lassen sich, wenn nötig, schnell und mühelos vervielfältigen. Doch auch individuelle Gestaltungen sind möglich.

Wir haben uns bemüht, möglichst viele Ideen für Sie zusammenzutragen. Die Vorschläge können nicht nur nachgearbeitet werden, sondern lassen sich mit allen im Handel erhältlichen Stempeln leicht variieren und so den persönlichen Vorstellungen und Bedürfnissen anpassen.

Warum nicht auch im Herbst ein selbstgestaltetes Geschirrtuch verschenken oder im Januar eine Freundin mit einem Schneemann grüßen? Lassen Sie sich inspirieren, und überraschen Sie Ihre Lieben mit zauberhaften Stempel-Kreationen.

Wir wünschen Ihnen viel Freude beim Stempeln und eine wunderschöne Weihnachtszeit!

Material & Werkzeug

Stempel

Bevor Sie sich entschließen, einen Stempel zu kaufen, sollten Sie die Qualität überprüfen. Achten Sie darauf, daß die Druckfläche aus einem festen Gummi besteht. Sie muß auf die federnde Zwischenlage aus Moosgummi ohne Blasen oder ähnliche Unregelmäßigkeiten montiert sein. Wichtig ist, daß alle Schichten sauber miteinander verklebt sind. Für eine exakte Plazierung ist es zudem notwendig, daß die Position des Bildes auf dem Holzklötzchen genau mit der des Gummis übereinstimmt.

Stempelkissen

Mit den Motivstempeln kamen auch ganz unterschiedliche Stempelkissen auf den Markt. Jedes einzelne hat besondere Eigenschaften und ermöglicht Spezialeffekte. Allen gemeinsam ist, daß sie in verschiedenen Größen und Farben (auch farblos) erhältlich sind. Das verwendete Kissen muß nicht größer als der Stempel sein.
Für alle Stempelkissen gibt es Nachfüllfarbe. Oft ist es jedoch ratsam, ein neues Kissen zu kaufen, da Sie dann wieder mit einem neuen, elastischen Polster arbeiten können. Zur Reinigung empfiehlt es sich, ein nasses Schwammtuch in einem Teller bereitzuhalten. Damit können die Stempel während des Arbeitens zwischengereinigt werden. Zur abschließenden, gründlichen Reinigung genügt eine milde Handseife, um das Gummi zu schonen.

Tintenkissen: Diese Stempelkissen sind mit schnell trocknender Tinte getränkt und mit den bekannten Bürostempelkissen vergleichbar. Sie werden verwendet, um ein Motiv in herkömmlicher Weise (ohne Struktureffekte) aufzustempeln. Tintenkissen sind - bis auf wenige Neuheiten - nicht wasserfest. Wenn Sie einen schnell trocknenden, wasserfesten und farbintensiven Abdruck erhalten möchten, sollten Sie ein Stoffstempelkissen verwenden.

Stoffstempelkissen: Diese enthalten eine ungiftige Farbe auf Wasserbasis, die nach dem Trocknen wasserfest ist. Um die bestempelten Textilien auch waschen zu können, müssen sie nach dem Trocknen der Stempelfarbe von der Rückseite gebügelt werden. Aufgrund ihrer Eigenschaften sind diese Stempelkissen zudem empfehlenswert, um Tapeten, Holz und ähnliches zu gestalten.

Pigmentstempelkissen: Von besonderer Bedeutung sind die Pigmentstempelkissen. Sie enthalten eine dickflüssige Pigmentfarbe auf Wasserbasis, die besonders gut deckt. Da diese Farbe außerdem nur sehr langsam trocknet, ermöglichen sie das Arbeiten mit Embossingpulver.

Embossingpulver

Auf den noch feuchten Stempelabdruck wird dieses feine Kunstharzpulver gestreut. Nachdem man den Überschuß abgeschüttet hat, werden die noch auf der Farbe haftenden feinen Pulverkörnchen z. B. über dem Toaster vorsichtig erhitzt. Durch das Verschmelzen entsteht eine reliefartige Oberfläche. Zum Verschmelzen eignen sich auch Bügeleisen, Herdplatte oder die spezielle Heat Gun (Heißluftpistole), jedoch nicht ein Haarfön.

Embossingpulver, auch Sternenstaub, Einbrennpulver oder Reliefpulver genannt, gibt es in vielen Farben und Variationen. Man unterscheidet zwischen transparentem, halbtransparentem und deckendem Pulver. Transparentes Pulver sollte für sehr filigrane Motive verwendet werden, damit der feine Stempelabdruck durch die klare Glanzschicht hindurch sichtbar bleibt. Halbtransparente Pulver ergeben einen Perlmutt-Effekt, der ein besonders interessantes Lichtspiel auf hellem Untergrund und transparenter Pigmentfarbe erzeugt.

Deckende Pulver führen zum Teil zu Metallic-Effekten. Die Farbe des verwendeten Stempelkissens hat aufgrund der hohen Deckkraft der Pulverschicht kaum Bedeutung. Dies gilt auch für dunkle Untergründe.

Embossingstifte

Um Handgeschriebenes oder Einrahmungen mit Embossingpulver gestalten zu können, verwendet man Embossingstifte. Die lange Trocknungszeit dieser Stifte ermöglicht es, ein Motiv - oder einzelne Teile davon - direkt auf dem Gummi anzumalen. Auf diese Weise erhalten Sie mehrfarbige Stempelabdrucke. Da die Farbe dieser Stifte (auf Wasserbasis) sehr feucht ist, können Sie sie mit Pinsel und Wasser vermalen. So lassen sich sehr schöne, aquarellartige Kolorierungen erzielen, die dann allerdings nicht mehr gepulvert werden können.

Farben

Zum Kolorieren der Motive, ob mit oder ohne Embossingpulver, eignen sich nahezu alle Farben: Filzstifte, wasservermalbare Holzstifte, Deckfarben, Künstler- oder Studienaquarellfarben. Außerdem können Sie Effektfarben wie Lackmalstifte, Pluster-Pen, Glitter-Liner u. ä. verwenden.

Wichtige Hilfsmittel

Folgende Materialien haben wir bei den einzelnen Arbeiten in den Materiallisten nicht aufgeführt, da sie so oft gebraucht werden, daß sie zu Ihrer Grundausstattung gehören sollten:

- *Alleskleber*
- *Schere*
- *Cutter oder Skalpell mit geeigneter Schneideunterlage*
- *Teller mit Schwammtuch*
- *Heizquelle (Toaster, Heat Gun, Bügeleisen, Herdplatte o. ä.)*
- *Farben zum Ausmalen*
- *Pinsel*
- *Papiertaschentücher oder Küchenkrepp*

Tips und Tricks

Nicht immer erhält man Doppelkarten in der gewünschten Größe oder Farbe.
Schneiden Sie die gewünschten Karten einfach aus Bogenware selbst zu.
Um Papier oder Karton sauber zu falten, ist ein Falzbein sehr empfehlenswert. Damit Sie auch bei Wellpappe eine saubere Faltung erzielen, sollten Sie vorab die Falzlinien auf der Wellenseite mit dem Cutter vorsichtig anritzen.

Stempeln Schritt für Schritt

1.

Nehmen Sie zunächst den Stempel und das Stempelkissen jeweils in eine Hand. Mit dem Kissen tupfen Sie nun mehrfach auf das Stempelgummi. Der Druck sollte besonders bei Pigment- und Stoffstempelkissen wohldosiert sein, da die Schwammschicht dieser Kissen mit viel Farbe getränkt ist, die bei zu starkem Druck seitlich heraustritt und verloren ist.

Nachdem Sie das Gummi gleichmäßig eingefärbt haben, können Sie das Motiv abdrucken.

Bei größeren Motiven ist es ratsam, mit dem Daumen und möglichst großem Druck über die ganze Holzfläche des Stempels zu streichen, um einen sauberen Abdruck zu erhalten.

2.

Auf den noch feuchten Stempelabdruck wird nun Embossingpulver gestreut. Das gesamte Motiv sollte gut bedeckt sein. Es besteht kein Grund zur Eile. Zwar trocknet die Pigmentfarbe je nach Untergrund unterschiedlich schnell, doch bleiben Ihnen auf jeden Fall einige Minuten Zeit.

3.

Schütteln Sie das überschüssige Pulver auf ein geknicktes Blatt Papier ab. Mit dieser „Rinne“ läßt es sich problemlos wieder zurück in die Dose schütten. Achten Sie darauf, daß möglichst keine Körnchen um das Motiv herum auf dem Papier haften bleiben. Schnippen Sie dazu leicht gegen die Rückseite des Papiers. Hartnäckige Ausreißer lassen sich mit einem trockenen Pinsel entfernen.

4.

Jetzt können Sie das so vorbereitete Motiv mit einer der genannten Heizquellen vorsichtig erhitzen. Das feine Kunstharzpulver verschmilzt zu erhabenen Konturen und einer reliefartigen Oberfläche mit Glanzeffekt. Der Vorgang ist abgeschlossen, wenn die Pulverschicht glänzt bzw. nicht mehr körnig ist. Sobald die Reliefarbeit erkaltet ist (nach wenigen Augenblicken), kann das Motiv weiterbearbeitet werden. In den Anleitungen wird dieser komplette Vorgang (Schritt 2 bis 4) als „pulvern“ bezeichnet.

5.

Die erhabenen Konturen erleichtern das Ausmalen (siehe „Farben“, Seite 5).
Bei der Verwendung von Filzstiften können Farbreste auf der gepulverten Schicht zurückbleiben, die nicht trocknen. Um ein Verschmieren zu vermeiden, sollten Sie am Ende das Motiv mit einem Papiertaschentuch vorsichtig abtupfen.

6.

Nun versehen Sie das Motiv beispielsweise noch mit einem Rahmen, schneiden es aus (z. B. mit einer Konturenschere) und kleben es gemeinsam mit passend zugerissenem Naturpapier auf eine Wellpappekarte. Schon können Sie Freunde, Bekannte oder Verwandte mit einer wunderschönen, selbstgemachten Weihnachtskarte grüßen.

Fröhlich bunt und bärenstark

Adventskalender

- Stempel:
- *09926.15 und 16 (M), „Mosaik“*
- Embossingstifte:
- *Gelb, Rot, Blau und Grün*
- Embossingpulver: *Transparent*
- Tonpapier: *Weiß, Rot, Blau und Grün*
- Sonstiges: *Bänder in Rot, Blau und Grün in zwei Breiten; dicke Kordel; Klebeziffern*

1. Entsprechend der verwendeten Stempel die Schablone (siehe Umschlaginnenseite) vergrößern. Für die von uns verwendeten Stempel benötigen Sie eine Kantenlänge pro Quadrat von 5,5 cm. Die Schablone aus Karton anfertigen.
2. Mit Hilfe der Schablone aus den farbigen Tonpapieren die Schachteln anfertigen.

Tip: Bevor Sie die Seiten schließen, sollten Sie erst alle Kanten einmal knicken. Denken Sie daran, daß eine Seite offen bleiben muß!

---

3. Die Stempel direkt auf dem Gummi mit den Stiften kolorieren, auf das weiße Tonpapier stempeln und pulvern.
4. Die einzelnen Bildchen ausschneiden und auf die Schachteln kleben.
5. Die Ziffern anbringen und dann die gefüllten Schachteln mit den Schleifenbändern schließen.
6. Die Päckchen mit den schmalen Bändern an die Kordel knüpfen.

Schellenbär

- Stempel: *G 1808 (PSX), „Bell Bear“*
- Stempelkissen: *Braun*
- *Embossingpulver:* *Transparent*
- *Wellpappe:* *Rot*
- Tonpapier:
- *Weiß und verschiedenfarbige Reste*
- Sonstiges: *Lackmalstifte in Gold; Glöckchen; Bänder*

1. Den Bären auf das weiße Tonpapier stempeln, pulvern und ausmalen.
2. Aus der Wellpappe ein Doppelkärtchen (ca. 8 cm x 10 cm) zuschneiden, falten und mit Tonpapierresten bekleben.
3. Darauf den grob ausgeschnittenen Bären fixieren. Das Kärtchen mit den Bändern und Glöckchen dekorieren.

Bärige Bescherung

- Stempel:
- *K 1885 (PSX), „Teddy Christmas Tree“*
- Stempelkissen: *Braun*
- Embossingpulver: *Grün und Transparent*
- Doppelkarte: *Hellblau, DIN B6*
- Wellpappe: *Rot*
- Tonpapier: *Mittelblau und Weiß*
- Aquarellpapier: *300 g/m²*
- Sonstiges: *Konturenschere; Klebekissen*

1. Den Weihnachtsbaum auf das Aquarellpapier stempeln, grün pulvern und ausmalen. Dabei die Bären aussparen.
2. Das Motiv ein zweites Mal auf Tonpapier stempeln und transparent pulvern. Die Bären ausmalen und ausschneiden.
3. Den Weihnachtsbaum passend ausreißen und die Bären darauf mit Klebekissen montieren.
4. Die Wellpappe und das blaue Tonpapier zuschneiden und alle Teile aufeinanderkleben.

Vogelsang

Einladung

- Stempel:
- *K 1884 (PSX), „Winter Robins"*
- Stempelkissen: *Schwarz*
- Stoffstempelkissen: *Blau*
- Embossingpulver: *Transparent*
- Tonpapier: *Elfenbein*
- Doppelkarte: *Blau (15 cm x 15 cm)*
- Sonstiges: *Satinband in Blau*

1. Auf das Tonpapier das Motiv stempeln, pulvern und ausmalen.
2. Die obere Hälfte der Spatzen entlang der Kontur ausschneiden. Das Tonpapier unterhalb der Spatzen passend zurechtreißen.
3. In die untere Hälfte die Schrift stempeln.
4. Das Tonpapier auf die Doppelkarte kleben. Abschließend (nachdem Sie die Karte geschrieben haben) das Band anbringen.

Tischkärtchen

- Stempel:
- *K 1884 (PSX), „Winter Robins"*
- Stempelkissen: *Schwarz*
- Embossingpulver: *Transparent*
- Embossingstift: *Blau*
- Tonpapier: *Elfenbein*
- Tischkärtchen: *Blau*
- Sonstiges: *Klebekissen*

1. Die Spatzen auf das Tonpapier stempeln und pulvern. Die beiden äußeren Vögel anmalen und ausschneiden.
2. Auf das Tischkärtchen einen Streifen Tonpapier kleben. Den Namen mit dem Embossingstift schreiben und pulvern.
3. Pro Kärtchen einen Vogel mit Klebekissen montieren.

Tischband

- Stempel:
- *K 1884 (PSX), „Winter Robins"*
- Stoffstempelkissen: *Blau*
- Textilband: *Elfenbein*

Das Band mit den Spatzen bestempeln.

Tip: Das Motiv kann mit Stoffmalstiften ausgemalt werden.

Gezwitscherte Weihnachtsgrüße

- Stempel:
- *K 1884 (PSX), „Winter Robins"*
- *F 1531 (PSX), „Frohe Weihnachten"*
- Stoffstempelkissen: *Blau*
- Pigmentstempelkissen: *Schwarz*
- Embossingpulver: *Gold*
- Doppelkarte: *Weiß, DIN lang*
- Karte: *Blau, DIN A6*
- Tonpapier: *Weiß; Pergamentpapier*
- Sonstiges: *Buntstifte in Blautönen; Kordel*

1. Die Spatzen auf ein ausgerissenes Stück Tonpapier stempeln und trocknen lassen.
2. Mit den Holzmalstiften kolorieren und die einzelnen Papiere aufeinanderkleben.
3. Auf einen Streifen Pergamentpapier die Schrift mit dem Pigmentstempelkissen drucken, goldfarben pulvern und nach dem Schreiben der Karte mit der Kordel auf dieser befestigen.

Luise
Paula
Einladung

O du fröhliche ...

Mickey und Minnie

- Stempel: *09 917.16 (RS)*
- Stempelkissen: *Schwarz*
- Embossingpulver: *Transparent*
- Embossingstift: *Grün*
- Bastelkarton: *Hellgrau*
- Tonpapier: *Weinrot*
- Sonstiges: *Konturenschere; Lackmalstift in Gold*

Arbeitsanleitung entsprechend „Bär mit Christbaumkugel" (Seite 22).

Vorfreude

- Stempel: *500182 (BS)*
  B 924 (PSX), „Little Merry Christmas"
- Stempelkissen: *Transparent*
- Embossingpulver: *Gold, Transparent und Weihnachtsmischung*
- Embossingstift: *Transparent*
- Doppelkarte: *Grün, DIN A5*
- Tonpapier: *Weiß und Hellgrün*
- Strukturpapier: *Rot*
- Sonstiges: *Konturenscheren; Kordel*

1. Auf das grüne Tonpapier den Baum stempeln und „weihnachtlich" pulvern.
2. Entlang dem rechten Rand die Schrift stempeln und abwechselnd transparent und goldfarben pulvern.
3. Den Rand mit dem Embossingstift betonen und „weihnachtlich" pulvern.
4. Mit den Konturenscheren Papierstreifen schneiden und zusammen mit dem Tannenbaum auf die Doppelkarte kleben.
5. Abschließend (nachdem Sie Ihre Grüße niedergeschrieben haben) die Kordel anbringen.

Spandose

- Stempel: *D 1212 (PSX), „Holly Leaf"*
- Stempelkissen: *Rot*
- Embossingpulver: *Transparent*
- Sonstiges: *Spandose; Acrylfarbe in Rot; Streichlack auf Wasserbasis, seidenmatt*

1. Die Spandose mit der Acrylfarbe und viel Wasser lasieren. Den Deckelrand kräftig bemalen. Nach dem Trocknen lackieren.
2. Das Stechlaub auf den trockenen Lack stempeln und pulvern. Zum Erhitzen eignet sich die Heat Gun besonders gut.

Post für Oma

- Stempel:
  Verschiedene kleine Stempel
- Stempelkissen:
  Verschiedene Stempelkissen
- Embossingpulver:
  Verschiedene Embossingpulver
- Tonpapier: *Reste*
- Sonstiges: *Konturen- und Eckenschere; Pluster-Pen in Weiß; Lackmalstift in Gold; Packpapier; Jutekordel*

1. Die Motive auf helles Tonpapier aufstempeln, pulvern und ausschneiden.
2. Diese Bildchen auf etwas größere Zuschnitte aus kontrastfarbigem Tonpapier kleben.
3. Nun das Ganze wieder auf helles Tonpapier kleben und die „Briefmarken" mit der Konturenschere ausschneiden.
4. Das Geschenk in Packpapier einpacken und die „Briefmarken" fixieren.
5. Adreßaufkleber zuschneiden (ein dunkles Rechteck, ein etwas kleineres helles Rechteck mit abgerundeten Ecken), beschriften und montieren. Das Geschenk mit der Jutekordel versehen.

An
Oma Helene
Bei uns daheim
Abs.
Dein Enkel Christian
MERRY CHRISTMAS
MERRY CHRISTMAS
MERRY CHRISTMAS
MERRY CHRISTMAS
MERRY CHRISTMAS
MERRY CHRISTMAS
Frohes
Fest

Winterlandschaft

Stempel: 09985.03 (M), *„Reindeers and Santa"*
Stempelkissen: *Indigo*
Embossingstift: *Transparent*
Embossingpulver: *Silber*
Fotokarton: *Rauchblau*
Tonpapier: *Weiß*
Sonstiges: *Pergamentpapier; Linoldruckwalze; Lackmalstift in Silber*

1. Den großen filigranen Stempel mit der Linoldruckwalze einfärben und besonders sorgfältig aufstempeln.
2. Aus dem Fotokarton eine große Doppelkarte schneiden (ca. 14 cm x 20 cm) und einen Passepartoutausschnitt in der Größe des Stempelabdrucks (ca. 11 cm x 16 cm) heraustrennen.
3. Den Ausschnitt mit der Kalligraphiespitze des Embossingstiftes umfahren und silberfarben pulvern.
Diesen Rand durch einen weiteren Rahmen mit dem Lackmalstift betonen.
4. Ein Gegenblatt aus weißem Tonpapier in die Karte kleben.

Tip: Der Kartendeckel kann später abgetrennt und als Fensterbild aufgehängt werden.

Schneeflöckchen, Weißröckchen

Let it Snow

- Stempel:
- *K 1810 (PSX), „Let it Snow"*
- *B 274 (PSX), „Snowflake"*
- *C 1368 (PSX), „Golden Stars"*
- Stempelkissen: *Farblos und Schwarz*
- Embossingpulver: *Transparent, Weiß und Hologramm-Glimmer*
- Doppelkarte: *Blau, DIN B6*
- Karte: *Weiß, DIN B6*
- Sonstiges: *Transparente Folie, DIN B6; Klebekissen; Pluster-Pen in Weiß*

1. Den Schneemann mit dem schwarzen Stempelkissen in die Mitte der weißen Karte stempeln, transparent pulvern, ausmalen und mit dem Pluster-Pen Akzente setzen.
2. Die Schneeflocken transparent auf die Folie stempeln und transparent pulvern.
3. Auf die Vorderseite der Doppelkarte den Schneemann transparent stempeln und weiß pulvern.
4. Mit einem Cutter den Schneemann entlang dem Rahmen heraustrennen, um den Ausschnitt herum die Schneeflocken transparent stempeln und weiß pulvern.
5. Hinter den Ausschnitt die bestempelte Folie kleben.
6. Schließlich die weiße Karte mit dem bemalten Schneemann mit Klebekissen hinter der Folie befestigen.

Fünf Schneemänner

- Stempel:
- *G 1602 (PSX), „Frosty Friends"*
- Stempelkissen: *Blau*
- Embossingpulver:
- *Hologramm- Glimmer*
- Passepartoutkarte:
- *3D-Welle in Weiß, DIN A6*
- Fotokarton: *Weiß*
- Sonstiges: *Klebekissen; Pluster-Pen in Weiß*

1. Die Schneemänner auf ein passend zurechtgeschnittenes Kärtchen aus Fotokarton stempeln, pulvern und ausmalen.
2. Einen Schneemann ausschneiden.
3. Den Rest des Kärtchens hinter den Passepartoutausschnitt kleben. Den einzelnen Schneemann mit einem Klebekissen auf der Kartenvorderseite befestigen.

Drei fröhliche Schneemänner

Dies ist eine Variante der „Fünf Schneemänner".

Schneemann-Anhänger

- Stempel:
- *E 1809 (PSX), „Folk Snowman"*
- Stempelkissen: *Beliebig*
- Embossingpulver:
- *Silber und Hologramm-Glimmer*
- Embossingstift: *Hellblau*
- Doppelkarte: *Hellblau*
- Sonstiges: *Kordel in Silber*

1. Den Schneemann auf das Kärtchen stempeln, silberfarben pulvern und ausmalen.
2. Das Motiv mit dem Embossingstift einrahmen und mit dem Hologramm-Glimmer pulvern.
3. Das Kärtchen mit der silbernen Kordel versehen.

(Fortsetzung Seite 16)

Silberner Anhänger

- Stempel: *B 924 (PSX), „Little Merry Christmas“*
- Stempelkissen: *Beliebig*
- Embossingpulver: *Silber*
- Passepartoutkarte: *Silber*
- Tonpapier: *Blau*

1. Den Gruß auf ein passend zugeschnittenes Stück Tonpapier stempeln und pulvern.
2. Das Tonpapier in die Doppelkarte kleben.

Schneemann-Dose

- Stempel: *C 326 (PSX), „Snowman“*
- Stempelkissen: *Blau*
- Embossingpulver: *Hologramm-Glimmer*
- Sonstiges: *Pappmaché-Dose; Styroporkugel (Ø 4 cm); Acrylfarben in drei Blautönen; Lack; Strukturschnee; Styroporkleber*

1. Die Dose mit den Acrylfarben bemalen, trocknen lassen, lackieren. Erneut trocknen lassen.
2. Von der Styroporkugel mit einem Küchenmesser ca. ein Drittel abschneiden und mit dem Strukturschnee bestreichen.
3. Auf die Seiten der Dose den Schneemann stempeln und pulvern. Besonders geeignet ist hierfür die Heat Gun. Sie können das Pulver jedoch auch problemlos mit Ihrem Toaster verschmelzen. Dazu halten Sie Ihre Dose dieses Mal mit der gestempelten Seite nach unten über den Toaster und beobachten (bitte vorsichtig) den Schmelzvorgang.
4. Den „Schneeball“ mit Styroporkleber auf dem Dosendeckel fixieren.

(Fortsetzung Seite 18)

Steffi Sc
Hardtsl
76881
Frohe Weihnachten
Frohe Weihnachten Frohe Weihnachten Frohe Weihnacht

Frostige Schneemannparade

- Stempel:
  G 1602 (PSX), „Frosty Friends“
  73859 (BS), „Frohe Weihnachten“
- Stempelkissen: *Beliebig*
- Embossingpulver: *Silber*
- Doppelkarte: *Blau, DIN lang*
- Fotokarton: *Weiß*

1. Auf den Fotokarton die Schneemänner stempeln, pulvern und ausmalen. Nun den Fotokarton passend zur Karte zurechtreißen.
2. Auf die Doppelkarte die Grüße stempeln und pulvern.
3. Schließlich die Schneemänner auf die Karte kleben.

Schneekristall

- Stempel:
  E 1953 (PSX), „Six Point Snowflake“
  73859 (BS), „Frohe Weihnachten“
- Stempelkissen: *Beliebig*
- Embossingpulver: *Silber*
- Doppelkarte: *Perlmutt, DIN B6*
- Karte: *Blau, DIN A6*
- Kuvert: *Blau, DIN B6*
- Sonstiges: *Eckenschere; Lackmalstift in Silber*

1. Auf die Karte die Schneeflocke und die Schrift stempeln und pulvern.
2. Die Ecken abrunden und mit dem Lackmalstift Akzente setzen.
3. Die Karte auf die Doppelkarte kleben.
4. Das Kuvert in der gleichen Weise gestalten.

Viktorianische Weihnachten

Weihnachtsdorf

- Stempel:
  K 1603 (PSX), „Christmas Village“
  F 1531 (PSX), „Frohe Weihnachten“
- Stempelkissen: *Rauchblau*
- Embossingpulver:
  Hologramm-Glimmer und Silber
- Doppelkarte: *Rauchblau, DIN lang*
- Karte: *Zartblau, DIN A6*
- Sonstiges: *Konturenschere; Lackmalstift in Silber; Deckweiß; Tüllband*

1. Das Weihnachtsdorf auf die Karte stempeln, mit Hologramm-Glimmer pulvern und die Schneeflächen ausmalen. Die Ränder der Karte mit der Konturenschere nachschneiden.
2. Den Textstempel auf die Doppelkarte stempeln und goldfarben pulvern.
3. Das Weihnachtsdorf auf die Doppelkarte kleben und mit dem Lackmalstift einrahmen.
4. Die Karte mit dem Tüllband dekorieren.

Himmelsbotin

- Stempel:
- *K 1332 (PSX), „Golden Angel“*
- *C 1368 (PSX), „Golden Stars“*
- Stempelkissen: *Transparent*
- Embossingpulver:
- *Silber und Transparent*
- Embossingstift: *Transparent*
- Fotokarton: *Weiß*
- Passepartoutkarte: *Dunkelblau, DIN A6*
- Sonstiges: *Transparente Folie*

1. Den Engel auf den weißen Fotokarton stempeln, silberfarben pulvern, ausmalen und ausschneiden.
2. Die Kartenvorderseite mit den Sternen bestempeln und transparent pulvern. Den Rand des Passepartoutausschnitts mit dem Embossingstift einrahmen und silberfarben pulvern.
3. In den Ausschnitt den Engel kleben und schließlich den Passepartoutausschnitt mit einem passend zugeschnittenen Stück Folie hinterkleben.

Es blüht der Weihnachtsstern

Poinsettia Botanical

- Stempel:
- *K 784 (PSX), „Poinsettia Botanical“*
- Stempelkissen: *Beliebig*
- Embossingpulver: *Gold*
- Doppelkarte: *Natur, DIN B6*
- Elefantenhaut: *Grün*
- Strukturpapier:
- *Zwei verschiedene Sorten*
- Aquarellpapier: *300 g/m²*

1. Die Poinsettie auf Aquarellpapier aufstempeln, pulvern und ausmalen.
2. Das Motiv ausschneiden, bei der linken Motivhälfte der Kontur folgen.
3. Zwei Strukturpapiere etwas kleiner als die Kartenvorderseite zuschneiden, gemeinsam mit einem gerissenen Streifen Elefantenhaut und dem Motiv auf der Karte fixieren.

Poinsettienherz

- Stempel:
- *K 1426 (PSX), „Poinsettia Heart Large“*
- *F 1215 (PSX), „Script Merry Christmas“*
- Stempelkissen: *Beliebig*
- Embossingpulver: *Gold*
- Doppelkarte: *Rostrot, DIN B6*
- Elefantenhaut: *Natur*
- Strohseide: *Grün*
- Sonstiges: *Lackmalstift in Gold*

1. Das Poinsettienherz auf ein passend zugeschnittenes Stück Elefantenhaut stempeln, pulvern und ausmalen.
2. Das Herz zusammen mit einem Stück ausgerissener Strohseide auf die Karte kleben.
3. Die Schrift aufstempeln und pulvern.

Geschenkanhänger

- Stempel:
- *B 924 (PSX), „Little Merry Christmas“*
- *C 1712 (PSX), „Poinsettias in a Basket“*
- Stempelkissen: *Immergrün*
- Embossingpulver: *Transparent und Gold*
- Embossingstift: *Transparent*
- Doppelkarte: *Hellbeige (7 cm x 7 cm)*
- Karte: *Elfenbein (6 cm x 6 cm)*

1. Den Poinsettienkorb zweimal auf das Kärtchen aufstempeln und transparent pulvern. Die Schrift in die Lücken stempeln und goldfarben pulvern.
2. Die Ränder des Kärtchens mit dem Embossingstift nachfahren und pulvern.
3. Die Poinsettienkörbe ausmalen und das Kärtchen auf das Doppelkärtchen kleben.

POINSETTIA
Euphorbiaceae
MERRY CHRISTMAS
MERRY CHRISTMAS
Merry Christmas

Traditionelle Weihnacht in Rot-Grün

Lesezeichen

- Stempel: *K 1826 (PSX), „Holly Spray“*
- Stempelkissen: *Beliebig*
- Embossingpulver: *Gold*
- Wellpappe: *Grün*
- Fotokarton: *Elfenbein*
- Glanzkarton: *Gold*
- Sonstiges: *Satinband in Rot*

1. Den Ilexzweig auf ein Stück Fotokarton stempeln, pulvern und ausmalen. Das Motiv knapp ausreißen.
2. Einen Wellpappestreifen mit einem etwas breiteren Glanzkartonstreifen hinterkleben.
3. Das Motiv zusammen mit dem Satinband auf die Wellpappe kleben.

Weihnachtsstrumpf mit Moneten

- Stempel: *K 1520 (PSX), „Quilted Stocking“*
- Stempelkissen: *Immergrün*
- Embossingpulver: *Transparent und Gold-Glimmer*
- Embossingstift: *Transparent*
- Passepartoutkarte: *Wellpappe natur, DIN A6*
- Karte: *Natur, DIN A6*
- Sonstiges: *Lackmalstift in Gold; Kordel in Gold*

1. Den Weihnachtsstrumpf auf die Karte stempeln, transparent pulvern und ausmalen.
2. Mit dem Cutter um das Fußteil des Strumpfes die Karte einschneiden. Einen weiteren Schnitt zwischen die Tannen setzen.
3. Die Rillen der Passepartoutkarte mit dem Lackmalstift nachfahren.
4. Die Karte so in die Passepartoutkarte einsetzen, daß das Fußteil über den Ausschnittrand hinausragt.
5. Die Karte entlang des Passepartoutausschnitts mit dem Embossingstift umfahren und goldfarben pulvern. Schließlich die Kordel anbringen.
6. Den Geldschein zwischen den Tannen in den Strumpf stecken.

Mistletoe

- Stempel: *K 1596 (PSX), „Mistletoe“*
- Stempelkissen: *Immergrün*
- Embossingpulver: *Transparent und Gold*
- Doppelkarte: *Strukturpapier, DIN B6*
- Fotokarton: *Elfenbein*
- Sonstiges: *Textilband; Lackmalstift in Gold*

1. Das Motiv auf den Fotokarton stempeln, transparent pulvern, ausmalen und ausschneiden.
2. Das Motiv ein zweites Mal stempeln, goldfarben pulvern. Die Schleife mit dem Lackmalstift anmalen und ausschneiden.
3. Die goldene Schleife nur am Knoten auf das Kärtchen kleben.
4. Abschließend das Band und das gestaltete Kärtchen auf die Doppelkarte kleben.

Bär mit Christbaumkugel

- Stempel: *E 1971 (PSX), „Christmas Ball Bear“*
- Stempelkissen: *Schwarz*
- Embossingpulver: *Transparent*
- Embossingstift: *Grün*
- Bastelkarton: *Hellgrau*
- Tonpapier: *Weinrot*
- Sonstiges: *Konturenschere; Lackmalstift in Gold*

1. Den Bären in die Mitte eines Papierstreifens (ca. 6 cm x 14 cm) stempeln, pulvern und ausmalen (Hochformat).
2. Um die obere Hälfte des Motivs mit dem Cutter den Streifen einschneiden. Dann den Streifen falten und die Ränder mit der Konturenschere nachschneiden.
3. Ein Stück weinrotes Tonpapier zurechtschneiden und hinter den Kartendeckel kleben.
4. Auf die Vorderseite mit dem Embossingstift die Grüße schreiben und transparent pulvern. Zum Schluß mit dem Lackmalstift Akzente setzen.

Natürlich Weihnachten

Weihnachtsmannversammlung

- Stempel: *10114 (U)*
  G 1825 (PSX), „Old fashioned Santas“
- Stempelkissen: *Braun*
- Embossingpulver:
  Transparent mit Gold-Glimmer
- Doppelkarte: *Wellpappe natur*
- Bastelkarton: *Natur*
- Reispapier: *Rot*
- Strukturpapier: *Natur*
- Sonstiges: *Ecken- und Konturenschere; Schnur; Leinenband*

1. Die Nikoläuse auf Bastelkarton aufstempeln und pulvern. Das Motiv rechteckig ausschneiden und mit der Eckenschere gestalten.
2. Mit der Konturenschere einen Streifen Bastelkarton zurechtschneiden, den Gruß aufstempeln und pulvern.
3. Die einzelnen Teile und Materialien auf der Doppelkarte dekorativ arrangieren.

Nikolaustüte

- Stempel:
  K 1356 (PSX), „Santa's Children“
- Stempelkissen: *Schwarz*
- Embossingpulver: *Transparent*
- Aquarellpapier: *300 g/m²*
- Strukturpapier: *Rot und Natur*
- Sonstiges: *Papiertüte; Konturenscheren; Naturbast*

1. Eine passende Karte (ca. 10 cm x 10 cm) aus dem Aquarellpapier mit einer Konturenschere ausschneiden.
2. Den Nikolaus aufstempeln, pulvern und ausmalen.
3. Aus den Strukturpapieren etwas größere Stücke ausreißen oder mit einer Konturenschere ausschneiden.
4. Alle Teile oben bündig aufeinanderlegen, auf die Tüte legen und zwei Löcher durch alle Schichten stanzen. Durch diese Löcher den Bast fädeln und eine dekorative Schleife binden.

Nikoläuse, die aus dem Rahmen fallen

- Stempel: *10106 und 10112 (U)*
- Stempelkissen: *Dunkelbraun*
- Embossingpulver: *Transparent*
- Doppelkarte: *Strukturpapier, DIN lang*
- Passepartoutkarte:
  Wellpappe natur, DIN A6
- Bastelkarton: *Creme*
- Sonstiges: *Konturenschere; Klebekissen; Bast*

1. Die Nikoläuse auf den Bastelkarton stempeln und pulvern. Die Motive einzeln mit der Konturenschere ausschneiden.
2. Die Passepartoutkarte im Falz halbieren, auf die Hälfte mit Ausschnitt einen kleinen und einen großen Nikolaus aufkleben, den dritten mit Bast befestigen.

Geschenkanhänger

- Stempel: *09 926.04 (RS)*
- Stempelkissen: *Rot*
- Geschenkanhänger: *Strukturpapier*
- Tonpapier: *Rot*

Nur stempeln und arrangieren.
Das Format hängt vom Motiv ab.

Geldbörse

- Stempel: *10115 (U)*
- Stempelkissen: *Braun*
- Embossingpulver: *Transparent*
- Tonpapier: *Rot*
- Wellpappe: *Natur*
- Sonstiges: *Eckenschere; Klebekissen; Knopf; Kordel*

1. Einen Tonpapierstreifen zuschneiden, wobei das Verhältnis von Länge zu Breite 2,5:1 betragen sollte (z. B. 15 cm x 6 cm). Ein Drittel der Längsseite des Rechtecks falten und seitlich ankleben, so daß eine Tasche entsteht.

2. Die Ecken der „Klappe" abrunden und diesen oberen Teil so knicken, daß ein quadratisches Kuvert entsteht. Nun auf die Klappe den Gruß stempeln und pulvern.

3. In der Mitte des unteren Kuvertteils den Knopf mit einem Klebekissen so befestigen, daß die Klappe dahintergeklemmt werden kann.

4. Das fertige Kuvert auf eine Doppelkarte aus Wellpappe (z. B. 14 cm x 7 cm, in der Mitte falzen) kleben und mit der Kordel verzieren.

Liebe geht durch den Magen

Apfelgelee

- Stempel:
- *E 1375 (PSX), „Apple Basket“*
- Stoffstempelkissen: *Schwarz*
- Sonstiges: *Nesselstoff; Stoffmalstifte in Grün, Rot, Gelb, Braun und Orange; Bast*

1. Den Nessel kreisförmig zuschneiden.
2. In die Mitte den Apfelkorb stempeln und trocknen lassen.
3. Das Motiv danach ausmalen, nach dem Trocknen evtl. von links bügeln und das Tüchlein auf das Geleeglas binden.

Geschirrtuch

- Stempel: *F 1649 (PSX), „Apple“*
- Stoffstempelkissen: *Schwarz*
- Sonstiges: *Geschirrtuch; Stoffmalstifte in Grün, Rot, Gelb, Braun und Orange*

1. Für die Maske den Apfel zweimal auf ein Stück Papier stempeln und ohne Stiel und Blatt ausschneiden.
2. Auf das Geschirrtuch den Apfel mehrmals aufstempeln und trocknen lassen.
3. Für Überschneidungen die Äpfel im Vordergrund mit den Masken abdecken und darüberstempeln.
4. Die Äpfel ausmalen. Nach dem Trocknen das Geschirrtuch von links bügeln.

Apfelkorn

- Stempel:
- *G 1300 (PSX), „Fruit Botanical Apple“*
- Stempelkissen: *Schwarz*
- Embossingpulver: *Transparent*
- Elefantenhaut: *Natur*
- Sonstiges: *Flasche; Konturenschere; Heißkleber oder Klebekissen für den Apfel; transparenter Klebefilm für das Etikett; Kunstapfel; Bast*

1. Das Motiv aufstempeln, pulvern und ausmalen.
2. Das „Etikett“ mit der Konturenschere ausschneiden und auf die Flasche kleben.
3. Die Flasche mit den verschiedenen Materialien dekorieren.

Gebäckdose

- Stempel: *G 396 (PSX), „Cookie Tag“*
- Stempelkissen: *Braun*
- Embossingpulver: *Transparent mit Gold-Glimmer, Gold und Gold-Glimmer*
- Embossingstift: *Transparent*
- Bastelkarton: *Elfenbein*
- Elefantenhaut: *Grün*
- Strukturpapier: *Rot*
- Sonstiges: *Pappmaché-Dose; Textilband*

1. Entsprechend der Deckelform aus der Elefantenhaut paßgenau den Stern schneiden. Die Kanten mit dem Embossingstift nachziehen und mit Gold-Glimmer pulvern.
2. Aus dem Strukturpapier und dem Bastelkarton je einen kleineren Stern schneiden.
3. Auf den kleinsten Stern das Teigmännchen stempeln und mit Transparent/Gold-Glimmer pulvern. Auch die Kanten dieses Sterns mit dem Embossingstift konturieren und mit Gold-Glimmer pulvern.
4. Alle drei Sterne aufkleben und den Deckelrand mit dem Textilband bekleben. Entlang dem Dosenunterteil Teigmännchen stempeln und goldfarben pulvern.

APPLE APPLE

Linien und Flächen

Ethno-Sonne

- Stempel: *10339 (U)*
- Stempelkissen: *Dreifarbig (Silber-Gold-Kupfer)*
- Embossingpulver: *Gold*
- Doppelkarte: *Dunkelgrau, DIN lang*
- Glanzkarton: *Gold*
- Sonstiges: *Packpapier; Konturenschere; evtl. Schwämmchen*

1. Auf ein Stück Packpapier die Sonne stempeln und goldfarben pulvern.
2. Das Packpapier knautschen, mit dem Finger oder einem Schwämmchen Stempelfarbe auftupfen und trocknen lassen.
3. Den Glanzkarton mit der Konturenschere zuschneiden und auf die Doppelkarte kleben.
4. Jetzt das passend zugerissene Packpapier aufkleben.

Galaxy

- Stempel: *10052 (U)*
- Stempelkissen: *Gold*
- Embossingpulver: *Hologramm-Gold*
- Embossingstift: *Transparent*
- Doppelkarte: *Wellpappe schwarz, DIN B6*
- Briefumschlag: *Schwarz, DIN B6*
- Tonpapier: *Schwarz*
- Strukturpapier: *Gold*
- Sonstiges: *Bänder*

1. Das Motiv mehrfach auf Tonpapier stempeln.
2. Nach dem Trocknen ein passendes Stück ausreißen und auf ein etwas größeres Stück Strukturpapier kleben.
3. Auf die Karte die Bänder und Papiere kleben.
4. Einen Streifen Tonpapier beschriften, pulvern und unauffällig seitlich ankleben.
5. Beide Motive auf den Briefumschlag stempeln. Gut trocknen lassen.

Sternenhimmel

- Stempel: *F 536 (PSX), „Patterned Star" C 957 (PSX), „Large Star" A 262 (PSX), „Small Star"*
- Stempelkissen: *Transparent*
- Embossingpulver: *Gold, Silber und Hologramm-Glimmer*
- Doppelkarte: *Grau (15 cm x 15 cm)*
- Glanzkarton: *Silber und Gold*

1. Auf die Doppelkarte verschiedene Sterne stempeln und silberfarben pulvern. Dann einige Sterne stempeln und goldfarben pulvern. Schließlich Sterne aufstempeln und mit Hologramm-Glimmer pulvern.
2. Auf ein Stück Glanzkarton Sterne stempeln und pulvern.
3. Ein etwas größeres Stück aus dem andersfarbigen Glanzkarton schneiden und beide Teile auf die Karte kleben.

frohes Fest

... wie grün sind deine Blätter

Tannenzweige

- Stempel:
  G 1954 (PSX), „Fir Branch"
  F 1531 (PSX), „Frohe Weihnachten"
- Stempelkissen: *Immergrün*
- Embossingpulver: *Gold*
- Embossingstift: *Transparent*
- Doppelkarte: *Naturpapier, DIN B6*
- Bastelkarton: *Elfenbein*
- Sonstiges: *Konturenschere; Textilband*

1. Mit dem Tannenzweig die Kartenvorderseite bedrucken. Gut trocknen lassen.
2. Mit der Konturenschere einen Streifen Bastelkarton zuschneiden. Die Kanten mit der Kalligraphiespitze des Embossingstiftes nachfahren und pulvern.
3. Die Schrift aufstempeln und pulvern.
4. Zwei eng nebeneinanderliegende Löcher durch den Bastelkarton stechen, die Schleife mit einem feinen Draht binden, durch den Bastelkarton hindurchstechen und auf der Rückseite fixieren.
5. Schließlich den fertigen Streifen auf die Karte kleben.

Immergrün

- Stempel:
  G 1893 (PSX), „Holiday Boughs"
  F 1215 (PSX), „Script Merry Christmas"
- Stempelkissen: *Immergrün*
- Embossingpulver: *Transparent und Gold*
- Doppelkarte: *Elfenbein, DIN lang*
- Bastelkarton: *Elfenbein*
- Sonstiges: *Lackmalstift in Gold; kariertes Band in Grün; Kordel*

1. Das Motiv auf einen Streifen Bastelkarton in Reihe aufstempeln und transparent pulvern. Mit dem Lackmalstift wenige Akzente setzen.
2. Den Streifen, mit Band unterlegt, auf die Karte kleben.
3. In die untere Hälfte den Weihnachtsgruß stempeln und goldfarben pulvern. Nach dem Schreiben der Karte diese mit der Kordel dekorieren.

Von Herzen

- Stempel: *10114 (U), C 367 (PSX), „Holly Heart"*
- Stempelkissen: *Immergrün und Gold*
- Embossingpulver: *Gold*
- Doppelkarte: *Elfenbein, DIN A7*
- Tonpapier: *Grün*
- Sonstiges: *Konturenschere; Klebekissen; Lackmalstift in Gold; Taftband in Elfenbein; Kordel*

1. Die Vorderseite des Doppelkärtchens gleichmäßig mit dem Herzen bestempeln und gut trocknen lassen.
2. Auf Tonpapier das Herz und die Schrift aufstempeln und pulvern. Mit der Konturenschere ein Kärtchen ausschneiden.
3. Das Herz mit dem Lackmalstift ausmalen und das Kärtchen mit Klebekissen auf der Vorderseite der Doppelkarte befestigen.
4. Das Geschenk in Tonpapier einpacken. Mehrmals das Herz goldfarben aufstempeln. Den Stempel reinigen.
5. Nun das Herz in Grün auf das Taftband stempeln.
6. Nach dem Trocknen das Geschenk mit der Schleife, der Kordel und dem Kärtchen dekorieren.

O Tannenbaum ...

- Stempel: *10117 (U)*
- Stempelkissen:
  Gold und Immergrün

Passepartoutkarte:
Wellpappe gold, DIN A6
Briefumschlag: *Gold*
Elefantenhaut: *Grün*
Sonstiges: *Textilband*

1. Den Tannenbaum mit Gold auf die Elefantenhaut und mit Grün auf den Umschlag stempeln. Gut trocknen lassen.

2. An der rechten Seite des goldfarbenen Baumes einen ausreichend langen Schnitt setzen.

3. Den Baum, wie abgebildet, in die Karte kleben und die Schleife anbringen.

Baumbehang

Stempel:
zum Beispiel
K 1325 (PSX), „Christmas Ball Ornament“;
G 359 (PSX), „Christmas Ornament“
G 1785 (PSX), „Large Moon“
G 181 (PSX), „Tin Star“
10289 (U), Ornament Stern
10291 (U), Orientalische Kugel
09 926.09 (RS), Himmelskugel
Stempelkissen: *Transparent*
Embossingpulver: *Gold*
Papier: *Verschiedene weiße Papiere (ab 250 g/m²);*
Pergamentpapier
Sonstiges: *Kordel in Gold*